Deutsche Vorträge Hamburgischer Professoren

4.

Conrad Borchling

Das belgische Problem

9. Oktober 1914

Mit einer Karte im Text

Hamburg
L. Friederichsen & Co.
(Dr. L. u. R. Friederichsen)
1914

Preis 50 Pfennig

Der Reinertrag ist für die Hamburgische Kriegshilfe bestimmt

Mit heißen Augen und tiefinnerlicher Erregung schauen wir heute allesamt nach dem brennenden Antwerpen. Die stolze Scheldestadt, das für unbezwinglich gehaltene Bollwerk des belgischen Festungsbauers General Brialmont, ist im Begriff, unserer schweren Artillerie und dem todesmutigen Vorwärtsstürmen unserer deutschen Truppen zu erliegen. Die starken Forts der Außenwerke liegen in Trümmern, und wir zittern vor dem Augenblicke, wo die deutschen Granaten und Schrapnells die innere Stadt erreichen werden. Haben die Feinde etwa auch hier wieder den hochragenden schlanken Turm der Kathedrale Unserer Lieben Frauen für kriegerische Zwecke in Anspruch genommen und damit den sicheren Untergang dieses schönsten Bauwerks der südlichen Niederlande herbeigeführt? Sollen auch hier die feurigen Kugeln in das stille Heiligtum des Museums Plantin-Moretus einschlagen und diese einzigartige Reliquie, die bis in alle Einzelheiten erhaltene altvlämische Patrizierwohnung mit den Geschäftsräumen der alten berühmten Druckerei zerstören?

Antwerpen ist heute die letzte Zuflucht der belgischen Armee, sein Fall besiegelt das Geschick des unglücklichen Landes. Die ungemein günstige strategische Lage der Stadt hat ihr schon mehr als einmal diese entscheidende Bedeutung für das belgische Land gegeben. Als im Dezember 1832 die neumodischen französischen Riesenmörser ihre Bomben in die von dem holländischen General Chassee zäh verteidigte Zitadelle warfen, war es mit der holländischen Herrschaft in Belgien endgültig vorbei. Übrigens muß auch diese Belagerung Antwerpens damals einen riesigen Eindruck in ganz Deutschland gemacht haben, bezeichnet sie doch Klaus Groth im ersten seiner Vertelln geradezu als das wichtigste politische Ereignis in der sonst so friedlichen Zeit seiner Jugend. Viel berühmter aber noch ist durch Schillers dramatische Schilderung jene heldenmütige Verteidigung Antwerpens gegen die spanischen Heereskräfte während der niederländischen Freiheitskämpfe geworden. Vierzehn Monate brauchte Alexander von Parma, um die reiche und mächtige Stadt zu bezwingen. Unerschöpflich waren ihre Verteidigungsmittel, mit Spannung verfolgen wir die Fahrten des „Vulkan", den die Ingenieurkunst der Stadt gegen die starke Scheldebrücke der Spanier losschickte, und die Kämpfe am Cowensteinischen Damm schienen mehr als einmal das Unheil von der Stadt abwenden zu wollen. Wie ganz anders heute, wo die Antwerpener in ihrer Ohnmacht und ihrer Wut nichts Besseres zu tun wissen, als die großen Petroleumtanks selbst anzuzünden und die wehrlosen deutschen Schiffe im Hafen auf den Grund zu setzen!

Mit Antwerpens Fall am 17. August 1585 war die unbedingte Herrschaft der spanischen Macht und der katholischen Kirche in den belgischen Provinzen entschieden, seitdem ist die große Scheidelinie zwischen den nördlichen und südlichen Niederlanden da. Während die sieben nördlichen Provinzen zu weltbeherrschender Handelsmacht aufstiegen und in Kunst und Wissenschaft bald den ersten Platz in Europa einnahmen, kehrten die belgischen Lande unter den Druck der spanischen Inquisition zurück, und wenn auch gerade in Antwerpen noch etwas später die berühmte Malerschule eines Rubens blühte, so war doch der Verfall der Stadt nicht aufzuhalten. Als im Westfälischen Frieden Seeländisch-Flandern endgültig an Holland kam und dieses die Schelde verschloß, lag der einst so blühende Handel Antwerpens gänzlich am Boden. In den 147 Jahren bis zur Besetzung Belgiens durch die Franzosen sind in den Antwerpener Hafen im ganzen 60 Schiffe eingelaufen, also noch nicht in jedem zweiten Jahr ein Schiff!

Einen solch tiefen Fall von stolzer Höhe wird Antwerpen heute nicht tun. Zwar ist sein Handel und seine wirtschaftliche Bedeutung im Laufe des 19. Jahrhunderts von neuem zu ungeahnter Blüte aufgestiegen, aber vor seinen Toren stehen heute nicht grimme Spanier oder volksbeglückende Franzosen, sondern die stammverwandten Deutschen. Sie wollen den Wohlstand Antwerpens nicht zerstören, sondern ihn mehren helfen, sie wollen aber, daß die Stadt dabei ihrer Zugehörigkeit zum niederdeutschen Volkstum und zur deutschen Kultur etwas mehr als bisher eingedenk werde. Allmählich haben wir Deutsche eingesehen, daß wir eine Pflicht gegenüber dem belgischen Volk zu erfüllen haben, eine Pflicht, deren wir uns in den ersten beiden Monaten dieses Krieges immer deutlicher und klarer bewußt geworden sind. Jahrhunderte hindurch hat innere Schwäche und Zersplitterung uns davon abgehalten, an der Westmark des Reiches Wache zu stehen. Stück für Stück ging der alte Reichsbesitz in fremde Hände über, und eine allgemeine Romanisierung des alten Lotharingiens fand statt. Jetzt, wo wir endlich wieder ein einiges

Volk sind und ein geeintes Reich besitzen, richten sich unsere Blicke von neuem gen Westen, ob nicht doch noch irgendwo germanische Stämme aus der drohenden Umklammerung des Romanentums zu erretten sind. Wir üben nur das Amt einer Vormacht der germanischen Völker aus, wenn wir da ein kräftiges Halt rufen. Wir haben wahrlich diesen Krieg nicht begonnen, um den germanischen Vlamen in ihrem Kampfe gegen die französische Majorisierung beizuspringen; aber nachdem er uns aufgenötigt worden ist, und nachdem wir gerade mit dem belgischen Volk eine so überraschende Bekanntschaft gemacht haben, ist es unsere Pflicht, alte Versäumnisse wieder gutzumachen und uns einmal recht sorgfältig mit den nationalen Ansprüchen des belgischen Volkes zu beschäftigen.

Wie kommt es, daß dieses Volk und sein Staat uns Deutschen mit solch hartnäckiger Verbissenheit entgegengetreten ist und so unentwegt auf der Seite unserer Gegner beharrt? Ich will gerne glauben, daß der Bruch der belgischen Neutralität Wallonen und Vlamen gleichmäßig gegen uns entflammt hat; aber er hat die Siedehitze ihrer Wut nur noch um einige Grade gesteigert, sie nicht hervorgerufen. Für uns ist die Frage der belgischen Neutralität nach den inzwischen erschienenen Enthüllungen aus den belgischen Geheimarchiven abgetan; wir wären dumm genug gewesen, hätten wir uns um dieser papierenen Neutralität willen die Schlinge um den Hals legen und uns erwürgen lassen sollen. Wie unsere Gegner diese Neutralität auffaßten, läßt sich am schlagendsten in den Satz zusammenfassen, den schon am 16. November 1834 die Pariser Zeitung Le National formte: „Le jour viendra où . . . la neutralité de la Belgique, en cas de guerre européenne, disparaîtra devant le vœu du peuple belge . . . La Belgique se rangera naturellement du côté de la France!" (Der Tag wird kommen, wo die Neutralität Belgiens im Fall eines europäischen Krieges vor dem Wunsche des belgischen Volkes verschwinden wird. Belgien wird sich natürlich an die Seite Frankreichs stellen!)

Auch den Einfluß des lügenhaften Pressefeldzuges, den England und Frankreich seit langen Jahren gegen uns auch in Belgien geführt haben, möchte ich nicht überschätzen. Er hätte nicht so wirksame Früchte tragen können, wenn der Boden im belgischen Volk nicht schon vorher trefflich vorbereitet gewesen wäre. Mag die Politik König Alberts sich in den allerletzten Jahren auch rein an den Ratschlägen der englischen Regierung orientiert haben, mag der Druck des englischen Weltreichs ihm den sicheren Sieg der Koalition über Deutschland verbürgt haben: auch ohne diesen Druck hätte Belgien in einem europäischen Kriege niemals auf unserer Seite gestanden, obwohl doch vier Siebtel seiner Bevölkerung germanischen Stammes sind. Die regierenden belgischen Klassen haben nur getan, was man von ihnen erwarten mußte, wenn man ihre Geschichte kennt. Ihre verblendete Franzosenliebe und ihre abgöttische Anbetung jeglicher französischer Kultur werden nur noch von ihrer bodenlosen Unkenntnis aller deutschen Verhältnisse übertroffen. Das ist aber ein Erbübel des belgischen Volkes und gleichermaßen bei Wallonen und Vlamen zu finden, wenn man die kleine Schar der bewußten Flaminganten abrechnet. Die regierende Schicht, die seit 1830 das Land beherrscht, hat sich diese antideutsche Grundstimmung geschickt und weitgehend zu Nutze gemacht. Sie hat dadurch die germanische Mehrheit des Landes völlig unter das Joch der französischen Staatssprache und des französischen Kultureinflusses gezwungen und aus der verfassungsmäßig gewährleisteten Gleichberechtigung der beiden Rassen des Landes eine drückende Alleinherrschaft des französisch gesinnten Elements der Wallonen und der französierten Vlamen herausentwickelt. Der belgische Staat des 19. Jahrhunderts ist darin eine einfache Neuauflage des burgundischen Staats im 15. und 16. Jahrhundert, dessen Signatur ebenso die beherrschende Rolle des französischen Einflusses bei scheinbarer Gleichberechtigung der Landessprachen war. An dieser mittelalterlichen Staatsauffassung hat das Belgien von 1830 seitdem immer gekränkelt, sie hat letzten Endes jetzt seinen Untergang herbeigeführt.

Das Nebeneinander der beiden Rassen, die Zweiheit resp. Dreiheit der Landessprachen ist das wichtigste Problem, das uns bei der Betrachtung des modernen belgischen Staats entgegentritt; ihm ordnen sich alle anderen, das ökonomische, das religiöse, unter. Das Nationalitätenproblem in Belgien stellt uns, als die gegenwärtigen Herren des Landes, zugleich vor eminent praktische Fragen: wie sollen w i r uns mit diesen Erscheinungen abfinden, ohne die berechtigten Ansprüche des Vlamentums zu schädigen, und ohne andrerseits die natürlichen Kulturverbindungen des wallonischen Teiles mit Frankreich ganz zu unterbinden?

* * *

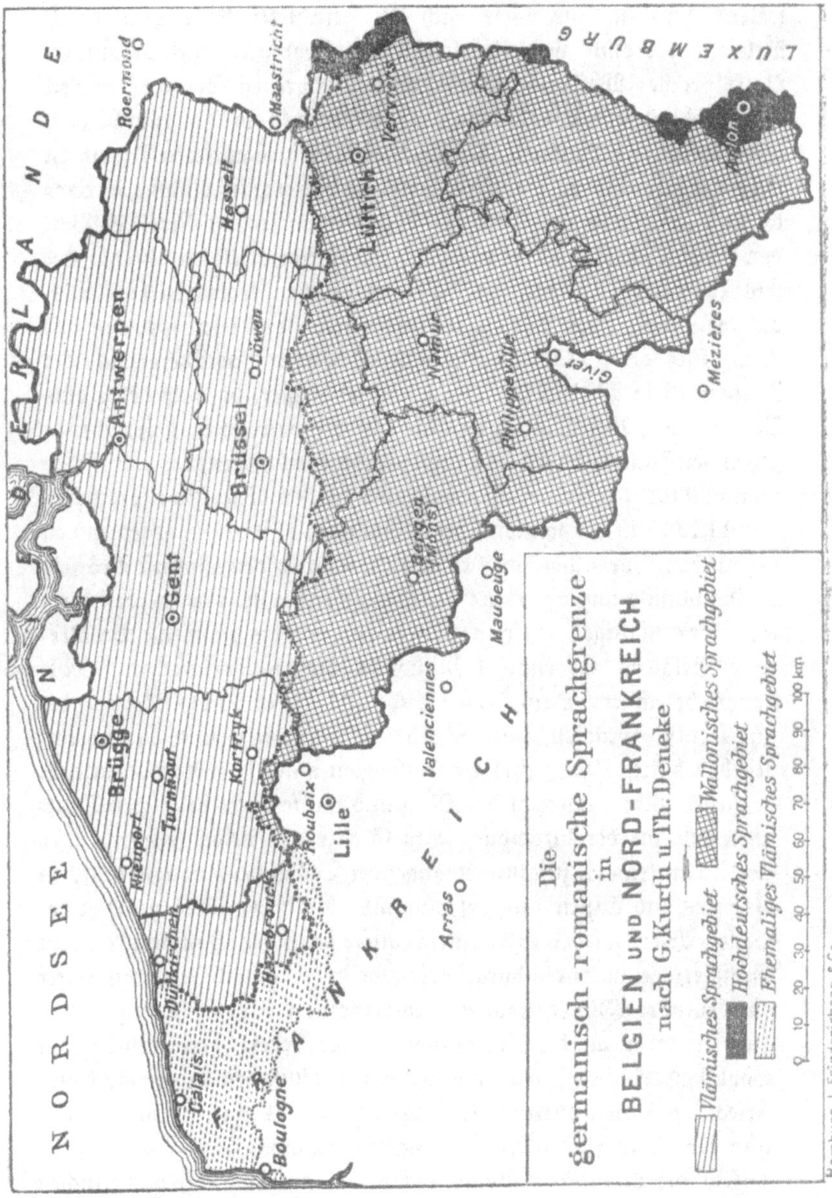
Die germanisch-romanische Sprachgrenze in BELGIEN UND NORD-FRANKREICH nach G. Kurth u. Th. Deneke
Vlämisches Sprachgebiet
Wallonisches Sprachgebiet
Hochdeutsches Sprachgebiet
Ehemaliges Vlämisches Sprachgebiet
0 10 20 30 40 50 60 70 80 90 100 km
NORDSEE
NIEDERLANDE
FRANKREICH
LUXEMBURG
Brügge
Nieuport
Turnhout
Kortryk
Dünkirchen
Hazebrouck
Calais
Boulogne
Lille
Roubaix
Arras
Valenciennes
Maubeuge
Gent
Antwerpen
Brüssel
Löwen
Hasselt
Roermond
Maastricht
Lüttich
Verviers
Namur
Bergen (Mons)
Philippeville
Givet
Mézières
Arlon
Hamburg, L. Friederichsen & Co.

Die vlämisch-wallonische Sprachgrenze läuft heute in einer auffallend geraden, von West nach Ost gerichteten Linie quer durch Belgien. Nördlich von ihr liegen die Provinzen mit vlämischer Volkssprache: West- und Ostvlandern, Antwerpen, der größere Teil von Brabant mit den beiden Arrondissements Brüssel und Löwen, und die Provinz Limburg. Diesen viereinhalb vlämischen Provinzen stehen ebensoviele wallonische gegenüber: Hennegau, Namur, Luxemburg, Lüttich und von Brabant das Arrondissement Nivelles. Von den 7423784 Einwohnern, die das Königreich Belgien am 31. Dezember 1910 zählte, entfielen auf die vlämischen Provinzen 4530874, auf die wallonischen 2892910 Einwohner. Von diesen sprachen nur Französisch 2833334, nur Vlämisch 3220662. Das Übergewicht der Vlamen ist in Wirklichkeit aber noch viel größer, da auch der größte Teil der 871288 Einwohner, die als die von ihnen gesprochenen Sprachen Französisch und Vlämisch angegeben hatten, der vlämischen Nationalität zuzurechnen ist; wohnen doch von diesen Zweisprachigen nur 112343 in den wallonischen Provinzen, 758945 dagegen in den vlämischen, vor allem in Brabant, wo durch den Einfluß Brüssels die Romanisierung am weitesten vorgeschritten ist. Wir werden nicht weit vom Richtigen entfernt sein, wenn wir die vlämische Bevölkerung Belgiens auf rund 4 Millionen, die wallonische auf 3 Millionen berechnen. Dazu kamen Ende 1910 noch 31415 Belgier, die nur Deutsch sprachen, und 74993, die Französisch und Deutsch angegeben hatten (dabei sind die in Belgien ansässigen Reichsdeutschen natürlich nicht mitgerechnet). Die Hauptmasse dieser belgischen Deutschen sitzt an der luxemburgischen Grenze um Arlon (niederdeutsch Arel), ein kleinerer zusammenhängender Teil außerdem noch zwischen Verviers und Eupen auf ursprünglich vlämischem Boden. Daß der Bezirk Arlon wieder mit seinem alten deutschen Hauptlande, dem Großherzogtum Luxemburg, vereinigt werden und mit ihm unter die deutschen Bundesstaaten zurückkehren, der deutsche Bezirk von Verviers aber an die Rheinprovinz angegliedert werden möge, ist wohl das Mindeste, was wir bei einem günstigen Ausgange dieses Krieges erwarten dürfen; die Frage der belgischen Deutschen scheidet also für die folgenden Ausführungen ganz aus.

Wo die vlämisch-wallonische Sprachgrenze an ihrem westlichen Ende die belgische Grenze überschreitet, setzt sie sich zunächst noch eine kürzere Strecke nach Westen fort, dann biegt sie nach Nordwesten und bald direkt nach Norden um und erreicht etwas westlich von Dünkirchen das Ufer des Kanals. Die von ihr abgetrennten Teile der französischen Departements du Nord und Pas de Calais haben noch heutigen Tages eine rein vlämische Volkssprache. Ursprünglich aber reichte das vlämische Sprachgebiet noch viel weiter nach Frankreich hinein, St.-Omer und Calais waren im Mittelalter niederdeutsche Städte, ja die Sprachgrenze verlief ursprünglich in schnurgerader Linie westlich auf Boulogne zu, wo sie sich am Litus Saxonicum mit uralten altsächsischen Siedlungen traf. Diese nordfranzösisch-deutsche Sprachgrenze mit ihrer auffallenden Geradlinigkeit bietet der historischen Erklärung große Schwierigkeiten. Die belgischen Niederlande sind von jeher das Kriegstheater der mittel- und westeuropäischen Mächte gewesen; von jeher sind auch die Wellen der großen Volksverschiebungen über sie hinweggebraust. Wo das Land der keltischen Belgier zum ersten Male in der Geschichte auftaucht, ist es gerade in den größten dieser völkischen Umwandlungsprozesse eingetreten, die Romanisierung. Seit Julius Caesar ist das ganze Land bis zum Rhein römische Provinz, und die römische Sprache und Kultur hat es so gründlich durchdrungen, daß es wirklich eine müßige Frage bleibt, ob diese alten Bewohner der Provinzen Belgica und Germania ursprünglich bereits germanische Volksbestandteile in sich aufgenommen hatten oder nicht. Das was während des Mittelalters an germanischem Volkstum im heutigen Belgien sitzt, gehört ausschließlich den erst späterhin in das römische Weltreich eingebrochenen Germanenstämmen an. Ihre Hauptmasse stellte der Stamm der salischen Franken, der früh aus seinem Stammland, dem overijsselschen Salland vertrieben, zuerst die Betuwe, dann die Landschaft Texandrien, die heutigen Provinzen Antwerpen und Nordbrabant, besetzte. Von hier aus hat er das belgische Brabant, die beiden Vlandern, und weiterhin Nordfrankreich unterworfen. Wie weit die salischen Franken als geschlossener Stamm nach Süden vorgerückt sind, lehren uns die germanischen Orts- und Flurnamen Belgiens und Nordfrankreichs; sie reichen auf der westlichen Hälfte zwar erheblich über die heutige Sprachgrenze nach Süden hinaus, aber dann versiegen sie rasch, die französischen Kernlandschaften haben keine fränkische Kolonisation mehr erfahren. Gerade darum konnten auch die fränkischen Herrengeschlechter, die auf den Trümmern des römischen Galliens das Frankenreich begründeten, ihre fränkisch-germanische Sprache im Innern des Landes nur noch wenige Generationen hindurch bewahren. Siegreich drang das Romanische nach Norden vor, bis es auf die dichter von Franken besiedelten Gebiete stieß und von nun an in sehr viel langsamerem Tempo bis an seine heutige Grenze vorrückte. Die weiten Ebenen Vlanderns begünstigten hier die Entstehung einer einfachen gradlinigen Grenze. Anders in den östlichen Landschaften; hier sollten wir bei dem gebirgigen Charakter des Landes vielmehr eine Zickzacklinie als Sprachgrenze erwarten, wie sie bei längeren Sprachbewegungen in Gebirgsgegenden meist zu entstehen pflegt. Da das hier nicht der Fall ist, erscheint der Schluß erlaubt, daß das Fränkische im östlichen Belgien niemals über Sambre und Maas nach Süden vorgedrungen ist, daß vielmehr hier in den Ardennen und den benachbarten Waldgebirgen die romanisierten Kelten, die Vorväter unserer heutigen Wallonen, unbehindert von der Römerzeit her sitzen geblieben sind und ihre dem Französischen nächst verwandte, aber doch an manchen eigentümlichen Bildungen reiche Sprache ausgebildet haben. An diesen romanischen Block brandete dann von Osten und Südosten die Woge der ripuarischen Franken vom Niederrhein und von der Mosel her heran, ihnen verdankt das deutsch-belgische Element in Luxemburg seinen Ursprung.

Die heutige vlämisch-wallonische Sprachgrenze in Belgien bezeichnet natürlich nur die Grenze der germanischen und romanischen Volkssprachen. Über sie hinaus hat sich die französische Schrift- und Umgangssprache jederzeit weit vorgeschoben. Ihr in erster Linie kam der weltbeherrschende Einfluß des Lateinischen zu Gute, sobald dieses anfing, den Volkssprachen des Mittelalters Konzessionen zu machen. Die frühe Entwicklung der altfranzösischen Literatur hat den Geltungsbereich der französischen Sprache besonders nach Norden und Nordosten hin sehr erweitert. Die Einfallspforten des Französischen waren hier einmal der deutsche Niederrhein, zum andern Vlandern und Brabant. Unter diesen Landschaften war die Grafschaft Vlandern am engsten mit dem französischen Reiche verknüpft, sie bildete nämlich einen integrierenden Teil der Krone Frankreich. Bei der völligen Gleichgültigkeit des frühen Mittelalters gegen alle politischen Ansprüche der Volkssprachen darf es uns nicht wundernehmen, wenn 843 im Vertrage zu Verdun, der für die Bildung der späteren Nationalitäten entscheidend wurde, die kerndeutsche Landschaft

Vlandern an das westfränkische Reich, ebenso entschieden romanische Landschaften aber wie das Hennegau, Namur und der größte Teil von Lüttich zunächst an Lothar und später an Deutschland fielen. Die Grenze Vlanderns gegen das deutsche Reich ist damals nach der Ostgrenze des Bistums Tournay festgelegt worden; das anstoßende Bistum Cambray gehörte politisch bereits zum Gebiete des deutschen Reichs, kirchlich aber wie Tournay bis 1559 zur Erzdiözese Reims in Frankreich. Diese verfließenden Grenzverhältnisse passen vortrefflich zu der vermittelnden Stellung, die Vlandern im Mittelalter zwischen französischer und deutscher Art einnahm. Der französische Einfluß hatte seinen festesten Stützpunkt bei dem vlandrischen Grafengeschlecht der Balduine, deren Ahnherr Balduin I Eisenarm einst Judith, die Tochter Karls des Kahlen, entführt hatte und 862 von seinem Schwiegervater als Markgraf des vlandrischen Küstenstreifens gegen die Normannen eingesetzt worden war. Dieses französische Geschlecht, sein Hof und der Adel des Landes hielten stets enge Verbindung mit der Krone Frankreich aufrecht, sie waren eifrige Vorkämpfer des französischen Rittertums, sie zogen französische Dichter ins Land und veranlaßten zahlreiche Nachdichtungen der französischen Ritterepen, als endlich die vlämische Sprache sich ihren Platz in der Literatur erkämpft hatte. Während des ganzen 13. Jahrhunderts ist ferner das Französische die offizielle Staatssprache Vlanderns, seitdem die Gräfin Johanna in der ersten Hälfte des Jahrhunderts die lateinische Urkundensprache durch die französische, nicht etwa durch die vlämische, ersetzt hatte. Auch in die Kanzleien der Städte dringt das Französische: in Ypern sind nicht nur die ältesten Stadtkeuren in französischer Sprache abgefaßt, sondern ebenso die städtischen Schöffenbücher von Anfang (1255) an und die Stadtrechnungen gar von 1280 bis 1383. Eine 1298 aufgestellte Liste von 78 Notabeln der Stadt Brügge enthält lauter vlämische Namen, aber in rein französischer Schreibung und Lautgebung. Erst ganz allmählich dringt seit der Mitte des 13. Jahrhunderts die vlämische Sprache in die Urkunden und in die Literatur ein. Die Städte sind es, die hier die Führung haben: die älteste niederländische Urkunde, die wir überhaupt kennen, ist der 1249 geschriebene Schöffenbrief der ostvlandrischen Stadt Bochout. Gerade in den nächsten Jahrzehnten erlebten die vlandrischen Städte, an ihrer Spitze Brügge, damals der wichtigste Handelshafen Westeuropas, und das mächtige Gent, einen ungeheuren Aufschwung. Die Städte waren es, die sich in der siegreichen Sporenschlacht bei Kortrijk am 11. Juli 1302 der ins Land gedrungenen Franzosen erwehrten. Hier erscholl zum ersten Male das Feldgeschrei der Vlamen: „Wat walsch is valsch is. Slaet al doet!" Gegen die eigenen Grafen und ihre französische Politik aber richteten sich mehrere Aufstände des 14. Jahrhunderts, aus denen die Namen der beiden Genter Patrizier Jakob und Philipp van Artevelde unvergänglich bis in die Gegenwart herüberleuchten. Diese Kämpfe der Städte sicherten Vlandern den ungestörten Gebrauch der niederdeutschen Muttersprache im Lande, sie ermöglichten die gedeihliche Weiterentwicklung einer bodenständigen vlämischen Literatur, die etwa gleichzeitig mit der niederländischen Urkundensprache erblüht war, und lenkten die vlämischen Dichter von den höfisch-ritterlichen Stoffen auf andere, dem vlämischen Geiste näherliegende hin. Schon hatte ein ostvlandrischer Dichter Willem aus einer Branche des altfranzösischen Roman de Renard das vielgerühmte Glanzstück der mittelalterlichen Tierdichtung, den Reinaert, geschaffen, diese köstliche Parodie auf den ganzen Apparat des ritterlich-höfischen Epos, die der niederdeutschen Welt von jeher so zugesagt hat. Weiter noch ging Jakob van Maerlant, aus dem westvlämischen Amt von Brügge gebürtig: er kehrte der französierenden Epik der „minstrels" bewußt den Rücken, er und seine zahlreichen Schüler werden die Vertreter einer neuen bürgerlich-gelehrten Dichtung, die für ihre großen lehrhaften Gedichte lieber lateinische als französische Vorbilder benutzen und was ihnen an poetischem Schwung abgeht, durch volkstümliche Kraft und sittlichen Gehalt ersetzen.

Unter den Schülern Maerlants ragen vor allem mehrere Brabanter hervor. Im Herzogtum Brabant wie in den übrigen kleineren Territorien, die sich aus dem alten deutschen Herzogtum Niederlothringen heraus entwickelt hatten, ist die sprachliche Entwicklung ganz ähnlich vor sich gegangen wie in Vlandern. Auch in Brabant, Limburg und Luxemburg sorgten die regierenden Fürstengeschlechter, die alle untereinander und mit den benachbarten nordfranzösischen Dynastengeschlechtern vielfach verschwägert waren, dafür, daß dem französischen Kultureinflusse alle Pforten aufgetan wurden. Am Hofe Herzog Heinrichs III von Brabant lebt der französische Troubadour Adenès le Roi, wie einst Chrestien von Troyes bei Philipp von

Vlandern. Das Testament dieses Herzogs (1260) wie das seines Vorgängers Heinrichs II (1247) ist französisch abgefaßt; aber die Urkunden der herzoglichen Kanzlei werden doch bedeutend früher niederländisch als die der vlandrischen Grafen, und die großen Städte des Landes Brüssel, Antwerpen, Löwen halten sich das Französische ganz fern, bleiben dafür aber auffallend lange bei dem Lateinischen beharren. Herzog Johann I von Brabant vereinigte 1288 durch die Schlacht bei Woeringen die Grafschaft Limburg mit seinem Lande. Erst dadurch kam Limburg auch in nähere literarische Beziehungen zu dem niederländischen Westen und verlor die alten Verbindungen mit Deutschland und der deutschen Literatur, der Limburgs ältester Dichter, Herr Heinrich von Veldeke, ganz zugehört. Auch das ganz deutsche Land Luxemburg wurde durch die Familienverbindungen seines Grafenhauses mit den Häusern von Namur, Limburg und Arlon völlig in die französische Athmosphäre des niederländischen Westens mithineingezogen. Bis über die Mitte des 14. Jahrhunderts bedienen sich Hof, Adel und Städte in ganz Luxemburg ausschließlich der französischen Urkundensprache. Selbst der erste deutsche Kaiser aus dem Hause Luxemburg Heinrich VII sprach selbst gewöhnlich französisch. Seine Nachfolger verlegten den Schwerpunkt ihrer Interessen nach dem Osten und überließen ihr Stammland Nebenlinien; immerhin wird die hohe Stellung des luxemburgischen Hauses mitgewirkt haben, wenn zur Zeit Karls IV in Luxemburg die deutsche Sprache die Oberhand über die französische gewinnt und sie bis zur Eroberung der Stadt Luxemburg durch Philipp von Burgund 1443 behauptet. Zugleich ist die Parallele zur Entwicklung in Vlandern und Brabant klar.

Die Zeit des 14. und 15. Jahrhunderts ist also eine Periode der kräftigen Reaktion des vlämischen und deutschen Elements gegen die Oberherrschaft der französischen Sprache und Kultur. Wäre es damals einer germanischen Macht gelungen, die Niederlande ganz in ihre Hand zu bekommen, so hätte schon damals das französische Element leicht ganz beseitigt werden können. Aber was Kaiser Ludwig der Bayer durch seine Heirat mit der Erbtochter von Holland, Seeland, Friesland und Hennegau so klug angesponnen hatte, vermochten seine schwächeren Nachfolger nicht zu behaupten: im Jahre 1434 trat Ludwigs Urenkelin Jakobaea von Bayern ihr niederländisches Erbe an Philipp den Guten von Burgund ab. Die Herzöge von Burgund, ein Seitenzweig des französischen Königshauses, wurden die Erben nicht nur der Wittelsbacher, sondern es gelang ihrer zugleich kühnen wie verschlagenen Politik, sich ein Reich zu erringen, das fast die gesamten Niederlande und dazu wertvolle Teile von Nord- und Ostfrankreich umfaßte. Gleich der erste Herzog Philipp der Kühne erwarb 1385 durch seine Heirat Vlandern, sein Enkel Philipp der Gute fügte außer dem Wittelsbachschen Besitze Namur, Brabant, Limburg, Amiens, Boulogne und Luxemburg hinzu, endlich Karl der Kühne 1473 Geldern und Zutphen. Erst als Karl auch das umfängliche Herzogtum Lothringen einzuverleiben versuchte, um dadurch die beiden getrennten Hälften des burgundischen Reiches zu verbinden, fand er seinen Untergang. Jetzt riß König Ludwig XI von Frankreich die südliche Hälfte des burgundischen Reiches an sich, die größere nördliche ging durch die Heirat Marias von Burgund mit Maximilian I an das Haus Habsburg über. Erst Maximilian wies die noch immer behaupteten Lehnsansprüche der Krone Frankreich auf Vlandern endgültig ab und reihte seine sämtlichen niederländischen Besitzungen 1512 dem burgundischen Kreise des deutschen Reichs ein.

Die burgundische Herrschaft formte die zahlreichen Einzelländer ihres Besitzes zu einem einheitlichen Reiche um; über die in ihren Rechten sehr beschränkten Territorien erhob sich eine Zentralregierung, unter der die früheren Territorien allmählich zu Provinzen herabsanken. Das Gefüge dieses burgundischen Staates hat für die südlichen Niederlande bis zu dem großen Umsturze des Jahres 1795 seine Geltung behalten, weder die habsburgisch-spanische noch die österreichische Zeit änderten etwas wesentliches daran. Von dem gewaltigen Freiheitskampfe der nördlichen Niederlande abgeschnitten, sind die belgischen Lande bei der alten Kirche und der alten Verfassung, und damit bei den alten sprachlichen Verhältnissen geblieben. Die völlige Befreiung der niederländischen Sprache, wie sie die nördlichen Provinzen erstritten, ist dem Süden damals nicht zuteil geworden, das burgundische System bedingte vielmehr die absolute Vorherrschaft der französischen Sprache in allen staatlichen Dingen. Die Sprache der burgundischen Herzöge war ausschließlich das Französische, in ihr ist auch Karl V aufgezogen, sein Vater Philipp der Schöne verstand kein Wort Deutsch. Nach der Sprache der Herzöge richtete sich aber die Sprache aller Zentralbehörden ihres Reichs, in der Politik, in der Verwaltung und in der Justiz. Unter sich verhandelten und korrespondierten alle diese oberen Behörden nur auf Französisch; im Verkehr mit dem Lande, den Städten und allen Einzelpersonen galt die Grundregel: „die öffentlichen Gewalten sprechen zu einem jeden in seiner Sprache", aber das Französische hatte auch hier den anerkannten Vorzug, als die allgemeine, allen bekannte Sprache betrachtet zu werden. So verhandelte die Regierung mit den Generalstaaten des Gesamtreichs nur auf Französisch, mit den Gouverneuren der einzelnen Provinzen korrespondierte sie ebenfalls fast ausschließlich auf Französisch, und nur die offiziellen Erlasse und Mitteilungen an die Provinzialstände selbst wurden in der Sprache der einzelnen Provinz ausgefertigt. Nur im Verkehr der Regierung mit den einzelnen Städten wurde stets die Volkssprache genommen. Innerhalb der einzelnen Selbstverwaltungsgruppen galt eine ganz ähnliche Abstufung: die Generalstände verhandelten unter sich überwiegend französisch; vlämische Reden durften wohl gehalten werden, mußten aber in französischer Übersetzung eingereicht werden. Nur einmal, 1576, im Jahre der Pazifikation von Gent, also zur Zeit der größten Annäherung der südlichen und nördlichen Provinzen, hören wir von Instruktionen an die Kanzlei der Generalstände, daß man auch die französischen Urkunden ins Dietsche übersetzen solle. Aber das ist wirklich nur eine ganz vorübergehende Erscheinung gewesen, denn, wie G. Kurth, übrigens der beste Kenner dieser Verhältnisse, spöttisch dazu bemerkt, „fühlte niemand das Bedürfnis dazu, weil jedermann das Französische verstand, und unsere Vorfahren nicht die Leute waren, unnütze Maßregeln nur aus Liebe zu einem Prinzip zu ergreifen!" Übrigens sind ja auch die großen Verträge der Stände im niederländischen Freiheitskriege, die Pazifikation von Gent, und die Union von Brüssel, französisch abgefaßt. Dagegen blieb innerhalb der einzelnen Provinzialstände und in den einzelnen Städten die Landessprache für den inneren Verkehr üblich, also in Vlandern das Vlämische. Diese Vergünstigungen blieben den vlämischen Ständen hauptsächlich durch das Große Privileg der Maria von Burgund von 1477 gewahrt, das besonders auch gewisse Rechte des Vlämischen am obersten Gerichtshofe des Landes zu Mecheln sicherstellte, der im übrigen rein französisch organisiert war.

Der so geschilderte Aufbau der burgundischen Verwaltung blieb auch unter den Habsburgern der verschiedenen Zweige des Hauses im Ganzen bestehen. Während der spanischen Zeit erlitt das Vlämische nur im Verkehr der Zentralregierung mit den Provinzen weitere Einbuße, da seit Alba nur Ausländer an die Spitze der Provinzen gestellt wurden. Erst die österreichische Regierung ging auch im Verkehr mit den einzelnen Städten des Landes zum Französischen über, so daß nun der ganze Verwaltungsapparat französisch war. Das hatte zur Folge, daß gegen das Ende der österreichischen Zeit einzelne Städte, vor allem Brüssel, selbst große Hinneigung zur französischen Verkehrssprache zeigten, während andere wie Antwerpen auf ihrer vlämischen Sprache ausdrücklich bestanden.

Der Sturz des ancien régime begrub unter seinen Trümmern auch den kunstvollen Bau des burgundischen Staates, aber die französische Staatssprache erhielt durch die Besetzung der österreichischen Niederlande durch die französische Republik nun erst recht die ausschließliche Gewalt. Das Gesetz des Konvents vom 2. Thermidor des Jahres II vertrieb durch einen Federstrich die vlämische Sprache aus allen Gebieten des öffentlichen Lebens, die Schulpolitik der Republik zerstörte auch das vlämische Schulwesen. Das Schicksal Französisch-Vlanderns, wie es Ludwigs XIV Gewaltpolitik eingeleitet hatte, drohte auch den vlandrischen und brabantischen Landen. Auf der anderen Seite brachte die Herrschaft der französischen Republik dem Lande endlich die Freiheit des Glaubens und der Menschenrechte, die es im 16. Jahrhundert vergebens erhofft hatte. Auch der materielle Wohlstand des Landes fing an wiederaufzublühen; Antwerpen vor allem, von Napoleon besonders gefördert, entwickelte sich rasch wieder zu einem bedeutenden Hafen. Aber auch alle die schweren Lasten der napoleonischen Zeit ruhten mit vollem Druck auf dem Lande, und als der letzte Entscheidungskampf um Napoleons Herrschaft auf dem Boden Belgiens ausgekämpft war, begrüßte ganz Belgien die Lösung von dem französischen Reiche mit ungeteilter Sympathie. Die Vereinigung der belgischen Niederlande mit der batavischen Republik zu einem einheitlichen Königreiche der Niederlande schien den alten ungeteilten burgundischen Staat wieder aufleben zu lassen. Mit einer Einwohnerzahl von 9—10 Millionen und einem Budget von ca. 400 Millionen Franken kam das neue Königreich dem damaligen Preußen ziemlich nahe. Während Holland seinen Handel, seine Schiffahrt und vor allem seine Kolonien einbrachte, war Belgien das Land des Ackerbaus und der Industrie, die begierig war, die reichen Bodenschätze des Landes aufzuschließen. In der

Hand einer kräftigen zielbewußten Regierung zusammengefaßt, hätten die beiden Länder eine bedeutsame Stellung im Konzert der europäischen Mächte anstreben können. Allein was im Reformationsjahrhundert noch hätte gelingen können, mußte im 19. Jahrhundert, wo Holland und Belgien so lange ganz getrennte Wege gegangen waren, mit einem völligen Fehlschlag endigen. Von vornherein beherrschte der innere Gegensatz der beiden Landeshälften die Politik des neuen Königreichs, und die geschickte Anfachung der Leidenschaften durch Frankreich führte schließlich zu der Revolution von 1830. Als Bollwerk gegen Frankreich war ja das niederländische Königreich 1815 von den Verbündeten geschaffen worden. Alle die belgischen Festungen, von denen in diesen Tagen wieder so viel die Rede ist, waren in der Zeit von 1816—1826 gegen Frankreich erbaut worden. So begünstigten Frankreichs Gegner auch die Versuche König Wilhelms I, die niederländische Sprache möglichst zur Staatssprache seines ganzen Landes zu machen; auch die Wallonen mußten sich jetzt ihrer mehr und mehr bedienen. Man bevorzugte deutlich die niederländisch sprechenden Staatsbürger bei der Besetzung der Staatsämter auch in Belgien. Die vlämische Literatur erwachte aus ihrem 200 jährigen Schlummer, die vlämische Sprache kam im Schulwesen und den drei neubegründeten Universitäten zu Gent, Löwen und Lüttich wieder zu hohen Ehren, kurzum der denkbar schärfste Umschwung nach der Alleinherrschaft des Französischen trat ein. Alles das traf die Wallonen sehr hart und reizte sie zu maßloser Erbitterung gegen die holländischen Machthaber. Jetzt schien ihnen selbst die Rückkehr unter die französische Herrschaft vorzuziehen, jedenfalls knüpften sie die sprachlichen und kulturellen Beziehungen mit Frankreich fester denn je, und ein Pressefeldzug gegen die niederländische Regierung setzte ein, wie er zäher und skrupelloser auch heute nicht geführt werden kann. Doch hätten die Wallonen ihr Ziel nicht erreicht, wenn es ihnen nicht gelungen wäre, sich mit den Vlamen zu verbünden. Der vlämische Klerus, der auch damals schon die vlämischen Provinzen völlig beherrschte, hatte gegen die Sprachenpolitik der Regierung nichts einzuwenden, für ihn war die Schulpolitik der Stein des Anstoßes. Die niederländische Regierung, die hierin ihren protestantischen Standpunkt nicht verleugnete, hatte das Volksschulwesen in der verweltlichten Form bestehen lassen, wie es ein Gesetz der batavischen Republik im Jahre 1806 eingerichtet hatte. Dabei mußte natürlich der Klerus zu kurz kommen, während die liberalen Wallonen sich die weltliche Schule gerne hätten gefallen lassen, wenn sie nur nicht zur Verbreitung der niederländischen Sprache verwandt worden wäre. Jetzt aber einigten sich die beiden Gegner auf die Forderung der unbeschränkten Lehr- und Lernfreiheit, die natürlich ein jeder von ihnen auf seine Weise auffaßte. Trotzdem wäre der belgischen Revolution von 1830 wohl kein politischer Erfolg beschieden gewesen, wenn sich nicht Frankreich aktiv in die Ereignisse eingemischt und auch England hier zum ersten Male eine Annäherung an das bis dahin so scharf bekämpfte Frankreich vollzogen hätte. Gerade England hat an der Entstehung des neuen Königreichs Belgien einen bedeutsamen Anteil gehabt, gelang es ihm doch dadurch, die politische Macht des Königreichs der Niederlande, die im Bunde mit einer europäischen Großmacht doch unter Umständen eine starke Bedrohung Englands hätte darstellen können, wieder zu zerbrechen und der englischen Kanalküste unmittelbar gegenüber einen von England politisch und kommerziell abhängigen Kleinstaat einzurichten.

Es stellte sich nur zu bald heraus, daß bei dem unnatürlichen Bündnis von 1830 die Vlamen der betrogene Teil waren. Zwar gelang es dem Klerus zunächst, in die weltlichen Staatsschulen schwere Breschen zu schlagen, aber schließlich mußte er sich doch 1842 mit einem Kompromiß zufrieden geben, der dem Staate immer noch recht erheblichen Anteil an der Aufsicht über bie Elementarschulen zusprach; und bei der Neuordnung des Mittelschulwesens, die 1850 in einer stark liberalen Ära erfolgte, wurden die Ansprüche des Klerus gänzlich beiseite geschoben. Erst die dauernde Obmacht der katholischen Partei in den letzten drei Jahrzehnten hat die alten Forderungen des Klerus auf dem Gebiete des Schulwesens ihrer Erfüllung nähergerückt. Sehr viel rücksichtsloser noch als im Schulstreite zeigten sich aber die neuen regierenden Herren in der Sprachenfrage und in der ökonomischen Fürsorge für die vlämischen Landesteile. Hier machten sie ihren einseitig wallonisch-französischen Standpunkt mit brutaler Energie geltend. Mit allen Mitteln suchten sie, dem Beispiele Englands nacheifernd, eine Großindustrie in Belgien ins Leben zu rufen, die in der Zeit der Dampfmaschinen nur in den kohlenreichen wallonischen Distrikten entstehen konnte. Ihre Bemühungen sind von glänzenden Erfolgen gekrönt worden, aber es geschah auf Kosten der vlämischen Provinzen. Um ihre Kleinindustrie kümmerte man sich herzlich wenig, ihre Landwirtschaft machte in den nächsten Jahrzehnten nach 1830 die allgemeine Depression mit, ohne daß die Regierung viel half. Den Höhepunkt dieser Jahrzehnte des Elends bildete das Jahr 1845 mit seiner berüchtigten Kartoffelkrankheit. Von 1846 bis 1856 verminderte sich die sonst so kräftige, fortpflanzungsfähige Bevölkerung von Westvlandern um 2,81%, von Ostvlandern um 2,06%, und die Anzahl der Häuser sank in beiden Vlandern um 6000. Zur gleichen Zeit läßt sich in den wallonischen Teilen des Landes eine lebhafte Zunahme feststellen. In seiner „Statistieke Beschrijving van Belgie" macht J. Vuylsteke 1869 folgende bittere Rechnung der ersten 40 Jahre belgischer „Freiheit" für Vlandern auf: Pauperismus, Unwissenheit, geistige und sittliche Abstumpfung, körperliche Entartung, materieller Rückgang!

In diesen traurigen Zeiten seufzte auch die vlämische Sprache doppelt unter der neuen Unterdrückung. Die provisorische Regierung von 1830 hatte kurzerhand die alten Sprachenverhältnisse des burgundischen Reiches wiederhergestellt: den überwiegenden Einfluß des Französischen bei scheinbarer Gleichberechtigung der drei Landessprachen. Artikel 23 des Grundgesetzes von 1831 lautet: „L'emploi des langues usitées en Belgique est facultatif; il ne peut être réglé que par la loi, et seulement pour les actes de l'autorité publique et pour les affaires judiciaires" (der Gebrauch der Landessprachen Belgiens ist einem jeden freigestellt; er kann nur auf dem Wege des Gesetzes festgelegt werden, und zwar nur für die Verhandlungen der öffentlichen Gewalt und für die Gerichtssachen). Der gedrechselte Nachsatz hebt den Vordersatz wieder auf, er proklamiert die Alleinherrschaft der französischen Sprache für alle Äußerungen der öffentlichen Macht und er gibt der Regierung zugleich die Handhabe, auch in den Gerichten dem Französischen weitmöglichst Eingang zu verschaffen. Wie der Artikel 23 gemeint war, zeigt am deutlichsten der wichtige Beschluß der provisorischen Regierung vom 16. November 1830, der durch das Grundgesetz sanktioniert wurde. Artikel 1 dieses Beschlusses lautet: „Der offizielle Text der Gesetze und Verhandlungen (actes) der Regierung soll auf französisch veröffentlicht werden"; und in der Begründung steht der famose Satz: „angesehen daß die vlämische und deutsche Sprache, die unter den Einwohnern gewisser Örtlichkeiten im Gebrauche sind, von Provinz zu Provinz, ja oft von Distrikt zu Distrikt variieren, so daß es unmöglich sein würde, einen offiziellen Text der Gesetze und Erlasse in vlämischer und deutscher Sprache zu publizieren usw."!! In demselben Beschlusse findet sich auch in Artikel 6 die hinterlistige Einschmuggelung der französischen Sprache in die Gerichte: es wird dem Staatsbürger erlaubt, in einer der drei Landessprachen vor Gericht und mit den Personen des Gerichts zu verhandeln. aber Voraussetzung ist dabei, daß die Richter und Advokaten auch die Sprache, die er gebrauchen will, verstehen. Damit war natürlich der Schikane Tor und Tür geöffnet, zumal gerade die französischen Advokaten mit die Hauptreiber bei der Bewegung von 1830 gewesen waren. Als 1842 der Minister Raikem in seinem Entwurf eines besonderen Gesetzes über die Gerichtssprache für die vlämischen Lande die niederländische Gerichtssprache vorgesehen hatte, lehnte der Ministerpräsident Charles Rogier diesen Vorschlag glatt ab und bemerkt dazu in seinem Briefe: „Die ersten Grundsätze (principes) einer guten Verwaltung beruhen auf dem ausschließlichen Gebrauch éiner Sprache, und es ist offenbar, daß die einzige Sprache der Belgier das Französische sein muß. Um zu diesem Resultat zu gelangen, ist es notwendig, daß alle zivilen und militärischen Ämter Wallonen und Luxemburgern anvertraut werden. Auf die Weise werden die Vlamen, wenn sie zeitweilig der mit den Ämtern verbundenen Vorteile beraubt sein werden, gezwungen sein, das Französische zu lernen, und man wird so allmählich das germanische Element in Belgien ausrotten (détruira)."

Nach diesem probaten Rezepte verfuhr die Regierung, und es gelang ihr wirklich, einen durchaus französischen Beamtenstand heranzubilden. Daher die Unmenge welscher Beamten, die nun die vlämischen Lande überschwemmten: Professoren, Lehrer, Eisenbahn-, Post- und Zollbeamte, Gendarmen. Von den im Dezember 1831 in den Brüsseler Zentralbehörden angestellten 380 Beamten waren nur 22 Vlamen; 1904 war das Verhältnis immer noch 4 : 1. Das Herüberziehen der heranwachsenden vlämischen Intelligenz in diesen französischen Beamtenstand vollzog sich allmählich um so leichter, weil das ganze mittlere und höhere Schulwesen vollständig französiert wurde. Das Vlämische wurde auf die Volksschulen beschränkt, außer in der Hauptstadt Brüssel, wo auch sie dem Französischen ausgeliefert wurden. Durch diese scharfe Trennung der niederen von den höheren Schulen bildete sich jener klaffende Zwiespalt zwischen der niederen und der gebildeten Schicht der vlämischen Bevölkerung heraus, der der vlämischen Sache den größten Schaden von allen gebracht hat. Es fehlte dem Vlämischen das beste Gut eines lebendigen Volksganzen, die gegenseitige geistige Durchdringung der verschiedenen Volksschichten mit Hülfe der Muttersprache. Eine Verachtung der Volkssprache griff Platz, die den wenigen vlämischen Patrioten, die sich nach 1830 noch um die Sprache ihrer Väter bekümmerten, viele Schmerzen bereitete.

Und doch konnte die Rettung nur aus den vlämischen Kreisen selbst kommen, von Seiten des Staats und der Regierung war auf keine wesentliche Unterstützung zu hoffen. Diese Selbsthülfe des vlämischen Volkes organisierte sich aber nur sehr langsam. Ich habe schon oben auf die traurige wirtschaftliche Lage der vlämischen Provinzen in den Jahrzehnten nach 1830 hingewiesen. In der ersten Zeit kam die Furcht dazu, als Orangist, als Anhänger des vertriebenen niederländischen Königshauses angesehen zu werden. Der Vater der neuen vlämischen Bewegung Jan Frans Willems wurde 1830 von den neuen Machthabern nach Eecloo, einem kleinen Städtchen Ostvlanderns, verbannt und erst 1835 unter dem Druck der öffentlichen Meinung nach Gent zurückgerufen. Willems war es dann auch, der im Jahre 1840 die erste große öffentliche Bittschrift des vlämischen Volkes an König und Kammern aufstellte und absandte und damit die vlämische Bewegung eröffnete. Ihr Wahlspruch war: „In Vlaanderen Vlaamsch!", in den vlämischen Landesteilen sollte fortan das Vlämische die Sprache des öffentlichen und des häuslichen Lebens und das Werkzeug des Fortschritts sein. Von den 5 Punkten der Bittschrift von 1840 berührt kein einziger die französische Staatssprache der Zentralbehörden; was sie verlangen, ist das Anrecht des vlämischen Volkes auf seine Sprache in der Lokalverwaltung, vor Gericht, in der Schule und in der Wissenschaft. Heute sind vier von den fünf Punkten siegreich erstritten, im Jahre 1840 dachte kein Mensch daran, der vlämischen Sprache auch nur eine dieser Domänen zurückzugeben.

So beschränkte sich denn der Kampf der bewußten Vlamen zunächst auf unpolitische, literarische und künstlerische Dinge. Willems entwarf die Grundsätze für einen großen Bund aller vlämischen Rederijkerkammern und sonstigen literarischen Gesellschaften, die die Revolution von 1830 überlebt hatten und die sich nun bis ins kleinste Dorf hinein erstrecken sollten. Mit Professur Serrure, Jonkheer

Blommaert, den Dichtern Ledeganck und Prudens van Duyse u. a. gründete er in Gent die Gesellschaft „De taal is gansch het volk" (Die Sprache ist ganz das Volk). In seinem „Belgischen Museum" veröffentlichte er wissenschaftliche und volkstümlichere Aufsätze zur vlämischen Sprach- und Literaturgeschichte und zog dadurch die Aufmerksamkeit der deutschen Germanisten, eines Jacob Grimm, Mone und Hoffmann von Fallersleben, auf die aufstrebende vlämische Sprachbewegung. Von Willems und seinem engeren Kreise geht dieser mehr literarhistorische Betrieb der vlämischen Bestrebungen aus. Er hatte während seiner Verbannung in Eecloo den altvlämischen Reinaert wiederentdeckt und seitdem unermüdlich für die Wiedererweckung der reichen altvlämischen Dichtung gewirkt, um dadurch der modernen vlämischen Literatur einen festen Boden unter den Füßen zu geben und seinem Volke das Bewußtsein des alten Besitzes an bodenständiger Kultur wiederzugewinnen. Deutsche Gelehrte haben ihm dabei besonders geholfen, Mone schrieb die erste Literaturgeschichte des niederländischen Mittelalters und Hoffmann von Fallersleben hat außer zahlreichen Ausgaben altniederländischer Texte den Schatz der altvlämischen Poesie durch reizende Nachdichtungen im alten Stil vermehrt. Nach Willems Namen ist endlich auch der älteste der großen Verbände genannt, der sich die praktische Unterstützung vlämischer Dichter und Künstler angelegen sein ließ, der 1851 begründete Willems-Fonds. Seither ist er der liberale vlämische Bund geworden, während der 1875 gestiftete Davids-Fonds die klerikale Richtung vertritt. Beide Verbände haben zusammen mehr als 18000 Mitglieder.

An die größere Öffentlichkeit traten die Freunde der vlämischen Sprache bereits ein Jahr nach jener ersten Bittschrift mit dem Genter niederländischen Taalcongres (Sprachkongreß) von 1841, an den sich ein großes Vlämisches Fest anschloß. Hier waren nur die Südniederländer versammelt, der erste allgemein-niederländische Kongreß, der aber auch vom Süden ausgegangen war, tagte 1849 wiederum in Gent. Er führte bereits zu dem wichtigen Schritte, daß der Süden die nordniederländische Schriftsprache auch als die seinige anerkannte. Zwar haben klerikale Kreise Westflanderns dieser Anerkennung noch manchen Widerstand geleistet; aber so eifersüchtig sie auch auf die westvlämischen Besonderheiten in ihrer Umgangssprache wachten, ist es ihnen nicht gelungen, das einigende Band der niederländischen

Gemeinsprache wieder zu zerschneiden. Die Sprachkongresse wurden eine ständige Einrichtung, und alle ihre Erfolge beruhten auf der immer mehr sich verstärkenden geistigen Gemeinbürgschaft des Südens und des Nordens. Man begann mit der sehr verwirrten Frage der niederländischen Rechtschreibung, bei der man nach vielen heißen Kämpfen schließlich doch 1864 zu einer einheitlichen vereinfachten Schreibung, der sog. Wörterbuch-Orthographie von de Vries und te Winkel, gelangte; diese Schreibung wurde in Belgien damals sogar gesetzlich festgelegt und ist dadurch ein Hemmnis aller modernen Weiterentwicklungsbestrebungen der niederländischen Orthographie geworden. Der Name Wörterbuch-Orthographie besagt schon, daß sie mit der wichtigsten wissenschaftlichen Errungenschaft der Sprachkongresse, dem großen Wörterbuche der niederländischen Sprache, zusammenhängt, einem Unternehmen, das sich dem Deutschen Wörterbuche der Brüder Grimm vergleicht und wie dieses heute noch nicht vollendet ist. Mannigfaltiger noch sind die Erfolge der Kongresse in der Organisation der allgemeinen geistigen Beziehungen zwischen Norden und Süden: die gegenseitige freie Einfuhr von Büchern, die Erniedrigung des Portos, die Gründung des Niederländischen Bühnenverbands, der Austausch von Vortragenden, und vor allem die gegenseitige Durchdringung und Befruchtung der beiden Literaturen. Gewiß reichte für den vlämischen Schriftsteller der Leserkreis, den er durch die nördlichen Niederlande gewann, nicht entfernt an das ungeheuer große Publikum heran, das ihm die Abfassung seiner Werke in französischer Sprache gesichert hätte. Dies Gefühl, das ja in erhöhtem Maße auch unsere heutigen plattdeutschen Dichter behindert, hat manchen begabten jungen Vlamen davon abgehalten, in seiner Muttersprache zu schreiben. Rechnet man dazu die ganz französische Geistesbildung, die in Belgien allein die höhere Bildung vermittelte, so hat man die Erklärung dafür, weshalb so durch und durch vlämisch empfundene Werke wie de Costers Uylenspieghel und manche Dorfnovellen Lemonniers in französischer Sprache abgefaßt worden sind. Mit echt wälscher Übertreibung sagt derselbe Lemonnier einmal, daß die echt vlämische Literatur in französischer Sprache niedergeschrieben sei. Gewiß gibt die vlämische Note den Werken eines Verhaeren und Maeterlinck ihre ganz besondere Färbung, aber echtvlämische Dichtung darf man sie darum doch nicht nennen, es ist französische Literatur mit provinziellem Einschlag, wie auch andere Provinzen des französischen Reiches ihre Eigenart innerhalb der gesamtfranzösischen Literatur erkennen lassen. Es geht selbst zu weit, wenn man in Verhaeren und Maeterlinck die Synthese zwischen germanischer und romanischer Art hergestellt sieht und diese neue Einheit eben die belgische Eigenart nennt. Diese Synthese hat sich nirgends in der belgischen modernen Literatur auch nur einigermaßen restlos vollzogen, überall überwiegt das eine der beiden Elemente ganz entschieden.

Die vlämische Literatur des 19. Jahrhunderts, wie sie J. F. Willems wieder erweckte, hatte etwas Steifleinenes an sich, wie es schon die Erneuerung der alten Rederijkerkammern vermuten läßt. Ohne die großen Verdienste der Männer dieses Kreises um die Belebung der alten Traditionen schmälern zu wollen, darf man doch sagen, daß erst die jüngere Gruppe der romantisch gerichteten Dichter um Hendrik Conscience, die in der Antwerpener Gesellschaft „De Olijftak" (Olivenzweig) vereinigt war, die vlämische Dichtung wirklich populär gemacht hat. Consciences farbenreiche große vaterländischen Romane mit dem „Leeuw van Vlaanderen" (Löwen von Vlandern) an der Spitze, wurden die Lieblingslektüre des vlämischen Volks. Erst in den 70er Jahren vollzieht sich langsam der Übergang der vlämischen Literatur zum Realismus, der heute in Cyriel Buysse und Styn Streuvels seine stärkste Kraft besitzt. Daneben endlich hat sich in dem letzten Jahrzehnt die an innerlicher Kraft reiche, echt vlämische Poesie des lange verkannten westvlämischen Priesters Guido Gezelle mit Macht durchgesetzt.

Von den Rederijkerkammern ging auch das moderne vlämische Theater aus. Aus den dort geschulten Kräften entwickelten sich mehrere Wandertruppen, seit 1853 in Antwerpen, seit 1860 in Brüssel. Das erste feste vlämische Theater wurde 1869—72 in Antwerpen erbaut, Mitte der 70er Jahre folgte Brüssel, erst 1899 Gent. Seit 1904—07 besitzt Antwerpen auch für seine 1891 eingerichtete vlämische Oper ein stattliches eigenes Gebäude, die Vlaamsch Opera. Eine staatliche Beihülfe zu diesen anerkannten vlämischen Bühnen wird seit 1903 nicht mehr gezahlt. Die größte Schwierigkeit für das vlämische Theater besteht in der Beschaffung wirklich guter vlämischer Originalstücke. Die Produktion ist auf diesem Gebiete zeitweilig ungemein reichhaltig gewesen, aber aus der Flut von Stücken tauchen wenig große bedeutungsvolle Werke auf, denen ein längeres Leben beschieden gewesen wäre. Einen dramatischen Klassiker hat Vlandern bis heute nicht hervorgebracht. Ähnliches gilt von der bildenden Kunst; hier zehrte Belgien im 19. Jahrhundert nur von seinem alten Ruhme, seine besten Kräfte wie Meunier gab es ganz an Frankreich ab. Dagegen tritt an die Seite der vlämischen Literatur die neuere vlämische Musik. 1865 wurden zum ersten Male bei dem offiziellen musikalischen Wettbewerbe (prix de Rome) auch vlämische Cantatentexte zugelassen, und sofort wählten drei von den vier Bewerbern vlämische Texte. Im folgenden Jahre errang Pieter Benoit durch sein Tondrama „Lucifer" den entscheidenden Sieg der neuen vlämischen Musik. Benoit forderte vor allem das Studium der alten nationalen Volkslieder des 15. und 16. Jahrhunderts, die in den südlichen Niederlanden viel kräftiger fortgelebt hatten als im Norden. Seine Bemühungen, die durch Florimond van Duyses großartige Sammlung der alten niederländischen Volkslieder aufs wirksamste unterstützt wurden, haben uns nicht nur Benoits eigene schöne Lieder, wie sein Beiaardslied, seine Vertonung von Klaus Groths „Min Modersprak", geschenkt, sondern dem volkstümlichen Liede einen breiten Raum in der modernen vlämischen Musik erworben. Als Leiter der Antwerpener Musikschule hat er aus ihr eine Hochburg vlämischer nationaler Musik gemacht. Ich will neben Benoit nur noch Edgar Tinel nennen, der durch seinen „Franciskus" in Deutschland viel bekannter geworden ist als Benoit, und Jan Blockx, den Schöpfer der vlämischen Oper, einen Schüler Benoits. Wie eng die vlämische Bewegung mit der vlämischen Musik verknüpft ist, erfährt jeder, der nur einmal ein vlämisches Fest mitgefeiert und die schönen Chöre und Lieder gehört hat, und der zugleich die hohe Begeisterung mitempfunden hat, die diese vaterländischen Lieder, allen voran die Marseillaise der Vlaminge, Karel Miry's Den Vlaamschen Leeuw (Der vlämische Löwe), allemal auf das vlämische Publikum ausüben.

So entwickelte sich die vlämische Bewegung von 1840 bis 1880 auf breiter Grundlage allmählich zu einer achtunggebietenden geistigen Macht im Lande und konnte es endlich wagen, wieder an die Tore des Parlaments zu klopfen und nachdrücklicher als das 1840 möglich war die so lange schmählich vorenthaltenen politischen Rechte zu fordern. Der Eid des ersten ausgesprochen vlämischen Abgeordneten De Laet am 12. November 1863 waren die ersten niederländischen Worte, die seit 1830 in der belgischen Kammer gehört wurden.

Aber erst zehn Jahre später wurde das erste in der Reihe der großen vlämischen Sprachengesetze verabschiedet. Es brachte die Gleichberechtigung der Sprachen für die Gerichtshöfe der ersten Instanz, indem es bestimmte, daß in den vlämischen Provinzen, mit Ausnahme von Brüssel, das Prozeßverfahren der Kriminal- und Korrektionaljustiz in vlämischer Sprache geführt werden sollten, falls nicht der Beklagte ausdrücklich die französische Sprache verlangte. Die Appellationsgerichte folgten erst viel später, 1889 und 1891. Einen zweiten wesentlichen Punkt der alten vlämischen Beschwerden erledigte das Gesetz De Laet von 1878, wonach in allen Zweigen der Verwaltung die von den Regierungsbeamten an das vlämische Publikum ausgehenden Erlasse und Berichte in vlämischer Sprache ausgestellt werden müssen. Den entscheidendsten Sieg aber brachte den Vlamen die Lex Coremans von 1883, sie eroberte dem Vlämischen die höheren Schulen. Zwar blieb das Französische auch jetzt noch die Unterrichtssprache für Französisch, die klassischen Sprachen, Mathematik und Handelswissenschaften, aber Geschichte, Geographie, Naturwissenschaften und die germanischen Sprachen werden seitdem doch auf den vlämischen Athenäen und Mittelschulen in der Muttersprache unterrichtet. Damit war endlich die Verbindung zwischen den niederen und den höheren Schulen wiederhergestellt, der junge Vlame konnte jetzt die gesamte Schulbildung in der Sprache seines Volkes durchmachen, eine gewaltige Stärkung der vlämischen Intelligenz und eine drohende Gefahr für das herrschende französische System. Darum wehrte sich denn auch die Regierung mit Hand und Fuß gegen die letzte Forderung der Vlamen, die nur eine logische Forderung des Gesetzes von 1883 war und kommen mußte, sobald die ersten vlämisch durchgebildeten Abiturienten der Mittelschulen für die Universität reif geworden waren. Ihnen sollten jetzt auch die Tore der Hochschule geöffnet werden, und so ist seit 1883 das heiß umstrittene Ziel der vlämischen Bewegung die Gründung einer vlämischen Universität, die durch Umwandlung der Genter Hochschule in ein vlämisches Institut geschaffen werden sollte. Die Regierung half sich zunächst, indem sie im Jahre 1886 die Königliche Vlämische Akademie in Gent begründete, auch eine alte Forderung von J. F. Willems. Damit hatte die Pflege der Wissenschaft und der heimischen Literatur in Vlandern einen würdigen und bedeutsamen Mittelpunkt gefunden, das vlämische Volk aber, das den Hochschulunterricht für seinen gebildeten Nachwuchs verlangte, betrachtete diese gelehrte Akademie nur als Abschlagszahlung. Der Kampf um die vlämische Universität tobte weiter, auch nachdem das Jahr 1892 mit der Einführung des allgemeinen Stimmrechts die Aussichten der Vlamen bedeutend verbessert hatte. Jetzt endlich wurde mit der ungerechten Eisenbahnpolitik aufgeräumt, die vlämischen Provinzen erhielten vlämische Beamte, auf den Briefmarken und Münzen erschienen die vlämischen Inschriften neben den französischen, die neu herauskommenden Gesetze, selbst für den jüngst erworbenen Kongostaat, wurden stets in beiden Sprachen publiziert. Kurz, das Vlämische war, äußerlich betrachtet, im Fortschreiten auf der ganzen Linie.

Darf uns aber dieser äußerliche Erfolg darüber hinwegtäuschen, daß Belgien von einer wirklichen Gleichberechtigung der beiden Volksstämme auch heute noch weit entfernt war. Selbst wenn wir annehmen, daß den Vlamen die Universität Gent über kurz oder lang ausgeliefert worden wäre, würden die Regierungskreise die staatliche Zentralgewalt jemals in größerem Maßstabe dem vlämischen Einflusse zugänglich gemacht haben? Würde das bisher rein französisch organisierte Heereswesen jemals eine vlämische Kommandosprache, eine Verlämung des Offizierkorps zugelassen haben? Man darf diese Fragen ruhig mit Nein beantworten, der belgische Staat des 19. Jahrhunderts hätte sich selbst aufgeben müssen, wenn er das getan hätte. Und wozu auch diese Sorgen, wenn dem französischen Wesen im Innern der gebildeten belgischen Kreise beider Nationalitäten nach wie vor jene tiefeingewurzelte, unausrottbare Vorliebe für alles Französische entgegenkam. Was nützten alle Bestrebungen der bewußten Vlamen, wenn es dabei blieb, daß Antwerpener Familien mit mehr als 15 000 Franken, Genter Familien mit mehr als 8000 Franken Jahreseinnahme eben nur noch Französisch sprachen; wenn vor allem die Damen der Gesellschaft in den vlämischen Gegenden die besten Stützen der französischen Sprache blieben. Im Familienleben, im täglichen Verkehr, da hätten erst einmal die Hebel angesetzt werden müssen, um der ewig neuen Geringschätzung der heimischen Volkssprache den Boden abzugraben und die wahre Gleichberechtigung der beiden Landessprachen herbeizuführen.

* * *

Nur ein Idealist von reinstem Wasser vermag anzunehmen, daß sich diese wahre Gleichberechtigung jemals im Rahmen des Königreichs Belgien hätte durchführen lassen. Jeder nüchterne Betrachter der geschichtlichen Entwicklung wird überzeugt sein, daß eine weitere Fortexistenz Belgiens nach diesem Kriege in den alten Formen, trotz allen politischen Erfolgen der Vlamen, letzten Endes den sicheren Untergang ihres germanischen Volkstums bedeuten würde. Vermag Deutschland aber einst beim Friedensschlusse ein entscheidendes Wort über die Zukunft Belgiens mitzusprechen, so muß auf jeden Fall die unselige Verbindung zwischen dem wallonischen und dem vlämischen Volksteil aufgehoben werden. Da das nächstliegende Mittel, die Vereinigung der vlämischen Provinzen mit Holland, sich heute nicht mehr diskutieren läßt (die Holländer selbst wollen am wenigsten von diesem Zuwachs wissen), so blieben nur zwei Wege: entweder Vlandern, Brabant und Limburg würden zu einem selbständigen niederdeutschen Staatswesen mit der Hauptstadt Antwerpen zusammengefaßt; sollten aber strategische Gründe uns zwingen, das belgische Land, jenes vorgeschobene Außenwerk, das sich gleichermaßen gegen Frankreich wie gegen England richtet, auch nach dem Kriege noch für längere Zeit besetzt zu halten, so würde jedenfalls eine scharfe administrative Scheidung der vlämischen und der wallonischen Hälfte Belgiens notwendig sein. Ich kann nicht leugnen, daß mir persönlich der erstere Weg viel sympathischer sein würde. Auf alle Fälle müßte dem vlämischen Volke die Möglichkeit gewährleistet werden, seine germanische Eigenart unbehindert weiter auszubilden; es dürfte auch nicht etwa nun ein übermächtiger Druck der hochdeutschen Sprache an die Stelle der bisherigen Oberherrschaft des Französischen treten. Nur durch verständnisvolles Eingehen auf die besonders uns Niederdeutschen so nahe liegende vlämische Sprache und Art wird es uns gelingen, die in diesem Kriege natürlich arg erschütterten Sympathien der Vlamen zurückzugewinnen. Ein selbständiger vlämischer Staat würde dabei besser noch als eine vlämische Provinz Deutschlands jener höheren Aufgabe dienen, aus der Mehrheit der germanischen Staaten den großen germanischen Bund erstehen zu lassen, der die Hoffnung unserer Zukunft ist.

Zeitfracht Medien GmbH
Ferdinand-Jühlke-Straße 7
99095 Erfurt, Deutschland
produktsicherheit@kolibri360.de